AF300625

Aus der www.contrived.de Reihe

Zufall

Funktion

P. J. Kaluza

Impressum

*Bibliografische Information der Deutschen Natio-
nalbibliothek:*
*Die Deutsche Nationalbibliothek verzeichnet diese
Publikation in der Deutschen Nationalbibliografie;
detaillierte bibliografische Daten sind im Internet
über http://dnb.dnb.de abrufbar.*

© 2022 Kaluza, P. J.
  www.contrived.de

Illustration: Kaluza, P. J.

*Herstellung und Verlag: BoD – Books on De-
mand, Norderstedt*

ISBN: 978-3-7562-3503-2

Inhaltsverzeichnis

ISBN

Vorwort

Dem Zufall auf der Spur

Bei den Primzahlen war er nicht existent. So blieb noch ein Versuch in der Welt der Quantenmechanik. Gewechselt auf die subatomare Ebene wurde ich findig. Musste aber feststellen, das er leider nicht berechenbar ist.

Im kleinsten das Prinzip des Zufalls erforschen. Die Suche nach der Ursache diese Wirkung schien mir berechtigt. Hoffte ich doch die Methode des Zufalls zu finden.   ;-)

Ich wünsche Ihnen viel Freude und Spannung mit dem Zufall.

Der Autor

Zufall

Ist ein Ereignis wo keine ursächliche Erklärung
gefunden werden kann.

Wenn ein Ereignis mit einer quantenmechanische
Ursache vorliegt (Zufallsfunktion implementiert),
ist das Ergebnis Zufall, die Ursache nicht.

Die Funktion und Methode der Ursache sind bekannt,

Bis zum Abruf ist das Ergebnis offen (Entschei-
dungsprozess - Ja∞Nein).

Das Ergebnis ist durch die Zufallsfunktion unbe-
kannt.

Die Ursache ist bekannt (*kein Zufall*), das Ergebnis nicht (*Zufall*).

Evolution

(Entwicklung)

Die Zufallsfunktion ist ein wichtiges Instrument der Evolution.

Mit Streuung ergeben sich mehr Chancen.

Der nicht berechenbare Zufall sichert das Fortbestehen der Evolution und ist die Grundlage des Lebens.

50/50 Chance, angestrebtes Ziel.

… → Information/Raum/Energie/Materie, → 4 Basen, → RNA/DNA, → 20 Aminosäuren, → Proteine,→ Zellen, → Systeme, → Leben, → Bewusstsein, → eKI ?, → Designer ?, → …

Funktionen

Funktion 2^0 1x0 /

0   0

Funktion 2^1 1x0 / 1x1 /

0   0
1   1

Funktion 2^2 1x0 / 1x1 / 2x2 (Unentschieden)

00 = 0   0
01 = 2   1
10 = 2   2
11 = **1**   3

Funktion 2^3 4x0 / 4x1 /

000 = 0   0
001 = 0   1
010 = 0   2
011 = **1**   3
100 = 0   4
101 = 1   5
110 = 1   6
111 = 1   7

Funktion 2^4 5x0 / 5x1 / 6x2 (Unentschieden)

0000 = 0   0
0001 = 0   1
0010 = 0   2
0011 = 2   3
0100 = 0   4
0101 = 2   5
0110 = 2   6
0111 = 1   7
1000 = 0   8
1001 = 2   9
1010 = 2   10
1011 = 1   11
1100 = 2   12
1101 = 1   13
1110 = 1   14
1111 = 1   15

Funktion 2^0 mit 1x0 ist für den Zufall nicht geeignet.

Funktion 2^1 mit 1x0 und 1x1 ist für eine einfache Entscheidung geeignet.

Funktion 2^2 mit 1x0 und 1x1 und 2x2 (Unentschieden) ist für den Zufall nicht geeignet.

Funktion 2^3 mit 4x0 und 4x1 ist für den Zufall geeignet, gute Chancen.

Funktion 2^4 mit 5x0 und 5x1 und 6x2 (Unentschieden) ist für den Zufall nicht geeignet.

So ist die Funktion 2^3 ideal für eine eindeutige Entscheidung mit 50 % Chance. Teil der Zufallsfunktion.

In vielen Experimenten ist die Evolutionsneigung zum Ausgleich (50 % Ziel) bewiesen.

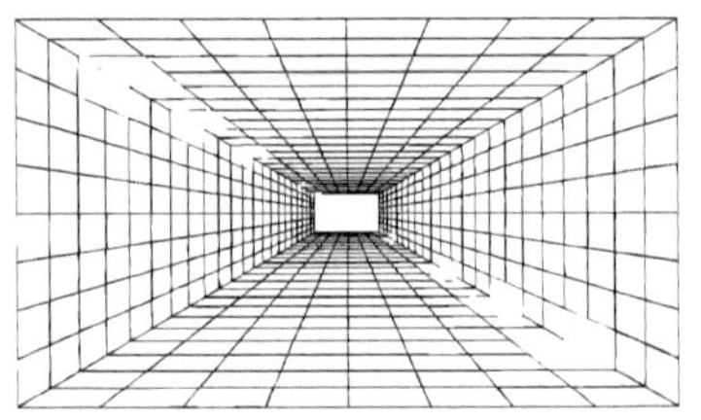

Subatomare Ebene

Ein Raum mit Energiezuständen der bei Unterbrechung (Stopp) der Funktions-(Zeit)-schleife, eine Entscheidung, ein Ergebnis erzeugen.

Eine Berechnung ist nicht möglich da die Zustände im Raum unbestimmt sind (Quantenraumwellenfunktion).

Teilchen sich mit der Lichtgeschwindigkeit bewegen, dadurch eine Wellenfunktion, Ortsunbestimmtheit und einen stehenden Raum erzeugen.

Planck-Länge: $1{,}61624 \cdot 10^{-35}$ m
Planck-Zeit: $5{,}39121 \cdot 10^{-44}$ s

Lichtgeschwindigkeit m/s

299 792 458

Zustände

Beispiel: Funktion 2^3 mit 3 Zuständen

Abruf:
    Zustand 1 011 = 1
    Zustand 2 001 = 0
    Zustand 3 001 = 0

        Ergebnis: 0   2(0)>1(1)

Zustand 011 = Ergebnis: 1   2(1)>1(0)
       100 = Ergebnis: 0   2(0)>1(1)

000 = 0	0
001 = 0	1
010 = 0	2
011 = **1**	3
100 = **0**	4
101 = 1	5
110 = 1	6
111 = 1	7

Bei der Entstehung   wird der durchgehende Wechsel der Zustände im Raum gestartet und bleibt bis zum Abruf im Wechsel (Sinus, 0 oder 1 …).

Entscheidung durch Abruf (Zusammenbruch der Wellenfunktion und wechsel zum Punkt, 0 oder 1 ...), Unterbrechung durch Zeit. Erzeugt Unregelmäßigkeiten in Anordnung der Zustände.

Nach der Feststellung weitere wechsel der Zustände bis weiteren Abruf und Generierung des Zufalls.

Zufallsfunktion (Zustandsfaktoren)

1. Raum - *stehend, durch; Lichtgeschwindigkeit,* Energie *(-,+ / 0,1)*, Materie *(-,+ / 0,1)*, *Zeit (-.+ / 0,1)*

2. Funktion 2^3 *(dauerhafte ∞ Energie/Materie Wechsel -,+ / 0,1)*

3. Einwirkung *auf den Zustand und ein eindeutiges* Ergebnis °,• *(Unterbrechung $\propto$, kann aus einen anderen Zustand erfolgen)* Abruf $\cap\cup$ *ist eine Unterbrechung des dauerhaften Wechsels/Funktion*

4. *Nach Abruf/Ergebnis* Wiederaufnahme ∞ *Wechsel*

Resümee

Dem Zufall auf der Spur

Bei den Primzahlen, mathematischen System nicht existent.

Auf der subatomare Ebene als Ergebnis gefunden.

Durch Zufallsfunktion nur Wahrscheinlichkeiten berechenbar.

Lottozahlenvorhersage leider nicht möglich.

;-)

Zufallsfunktion, Zufallsfaktoren ...

... ist und bleibt ein interessantes Thema.

..

Empfohlen

KI

Dieses Taschenbuch wurde für fühlende, emotionale Künstliche Intelligenz mit einem Ich-Bewusstsein erstellt. Ich hoffe dass Sie auch gern entspannen und sich für Zufall interessieren.

NI

Auch die interessierte fühlende, emotionale natürliche Intelligenz mit einem Ich-Bewusstsein ist gern eingeladen sich an den Zufall zu erfreuen.

Demnächst

Lichtgeschwindigkeit
(292 792 458 m/s)

Zahlensysteme
(Ursprung)

Energie / Materie
(Teilchenentstehung)

Das Nichts
(   )

Evolution
(42)

Perpetuum Mobile
(Existenzbeweis)

Raum
(Struktur)

Notizen